SITZUNGSBERICHTE DER SÄCHSISCHEN AKADEMIE
DER WISSENSCHAFTEN ZU LEIPZIG

Mathematisch-naturwissenschaftliche Klasse
Band 121 · Heft 7

ARTUR LÖSCHE

MOLEKULARE ORDNUNG UND ORIENTIERUNG, INSBESONDERE BEI FLÜSSIGKRISTALLEN

Mit 36 Abbildungen

AKADEMIE-VERLAG BERLIN

Vorgetragen in der Sitzung am 13. Januar 1989
Manuskript eingeliefert am 20. April 1989
Druckfertig erklärt am 27. Mai 1990

ISBN 3-05-500804-9
ISSN 0371-327 X

Erschienen im Akademie-Verlag Berlin, Leipziger Straße 3—4, Berlin, DDR-1086

Printed in the German Democratic Republic
Gesamtherstellung: VEB Druckhaus „Maxim Gorki", 7400 Altenburg
LSV 1215
Bestellnummer: 7641120 (2027/121/7)

1. Die makroskopischen Eigenschaften eines Körpers, also z. B. Elastizität, dielektrisches Verhalten, magnetische Suszeptibilität u. ä., hängen weitgehend von der Anordnung der Atome ab, wobei diese Ordnung wiederum durch die Eigenschaften der Atome, durch den Aufbau der Elektronenhülle, bestimmt

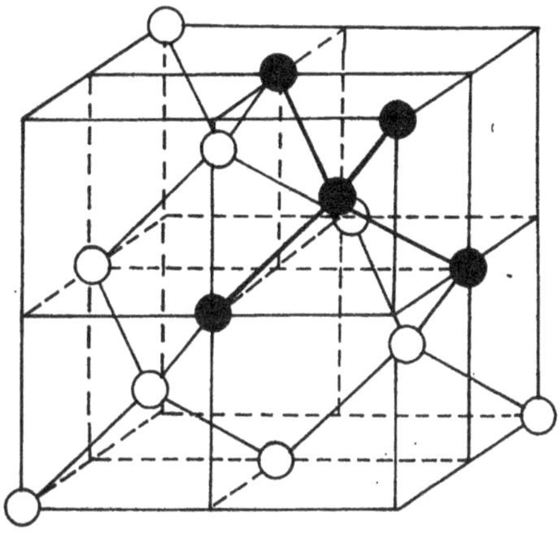

a)

Abb. 1a. Diamant-Gitter: Die C-Atome eines Tetraeders sind schwarz dargestellt

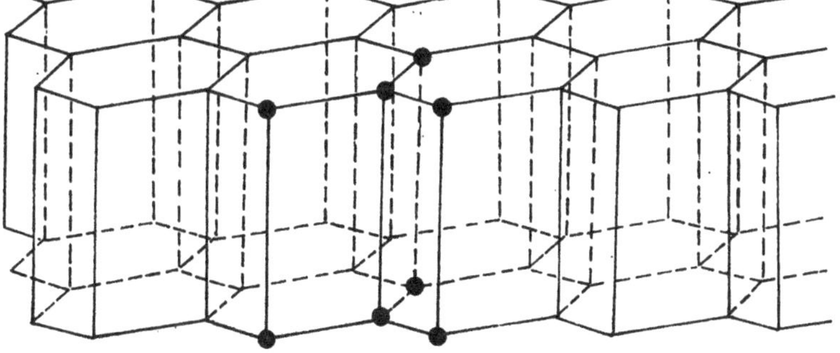

b)

Abb. 1b. Graphit-Gitter

wird. LAUE, FRIEDRICH und KNIPPING haben schon 1912 gezeigt, wie man die gegenseitige Lage der Atome mit Hilfe von Röntgenstrahlinterferenzen bestimmen kann. Seither spielen die so bestimmbaren Gittermodelle bei der Untersuchung von Struktur-Eigenschafts-Beziehungen eine hervorragende Rolle. Die praktische Bedeutung dieses Gebietes, also der Struktur-Physik, für die Materialwissenschaft braucht nicht näher begründet zu werden. Hier soll zunächst an einige Beispiele solcher Ordnungen erinnert werden.

Reiner Kohlenstoff (C) tritt in verschiedenen Modifikationen auf, z. B. als sehr harter Diamant oder als Graphit, der so weich ist, daß man ihn als Gleit-

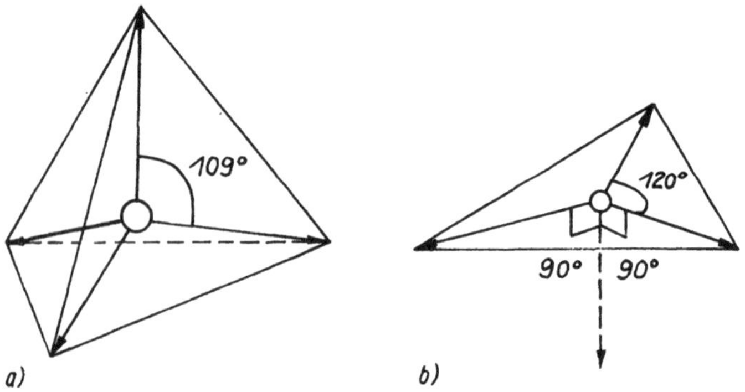

Abb. 2.a C — Tetraeder: sp^3 -Hybridisierung führt zu 4 gleichwertigen Bindungen

Abb. 2b. C-Atom in einer 6-Eck-Ebene: sp^2-Hybridisierung mit 3 gleichwertigen Bindungen; p_z steht auf allen drei senkrecht

mittel verwendet. Aus Röntgenstrahlinterferenzen ergeben sich die in Abb. 1 gezeigten Gittermodelle. Beim Diamant ist jedes C-Atom mit 4 Nachbarn verbunden, als säße es im Mittelpunkt eines gleichseitigen Tetraeders (Abb. 2a), alle Bindungen sind gleichwertig. Das ist zunächst nicht verständlich, denn aus spektroskopischen Untersuchungen weiß man, daß von den 6 Elektronen des neutralen C-Atoms 2 in der ersten Schale ($1s^2$) und 4 in der 2. Schale, und zwar 2 in der $2s$- und 2 in der $2p$-Schale ($2s^2p^2$) sind: man schreibt für diese Elektronenkonfiguration $1s^2 2s^2 p^2$ (die Exponenten geben jeweils die Anzahl der Elektronen in dem betreffenden Zustand an). Vier gleichwertige Elektronen, welche die Bindungen besorgen könnten, scheint es nicht zu geben. Aus theoretischen Erwägungen nimmt man an, daß in der 2. Schale 1 Elektron in den p-Zustand aufrückt (promoviert), also ein $2sp^3$-Zustand entsteht. Diese 4 Elektronen mischen sich dann so, daß ihre Herkunft nicht mehr erkennbar ist und damit 4 gleichwertige Elektronenbindungen existieren. Man spricht von sp^3-Hybridisierung. Die zur Promotion notwendige Energie wird durch die entstehenden Bindungen aufgebracht. Der Winkel zwischen 2 benachbarten Bindungen beträgt 109°. Diese allseitige „Verankerung“ erklärt die hohe Festigkeit des Diamanten.

An der Bildung der ebenen Sechsecke des Graphitgitters können nur 3 Elektronen pro C-Atom beteiligt sein. Theoretisch wird das durch eine sp^2-Hybridisierung erklärt (Abb. 2b); das vierte Elektron, im p_z-Zustand, ist senkrecht zur sp^2-Ebene gerichtet; es verbindet, allerdings mit nur je „halber Kraft“, die 6 Eck-Ebenen. Diese können infolgedessen leicht aneinander vorbeigleiten.

Man nennt diese Bindungen, die durch Überlappung von Elektronen, durch sog. Austauschwechselwirkung, entstehen, kovalent oder homöopolar.

In Kristallen, die aus 2 verschiedenen Elementen bestehen, können polare Bindungsanteile hinzu kommen, wenn ein Element leicht Elektronen abgibt und das andere aufnimmt. Dadurch entstehen positive und negative Ionen, die durch elektrostatische Anziehung zusammen gehalten werden. Am deutlichsten wird das z. B. beim Kochsalz-Gitter. Das Natrium-Atom (Na) hat eine abgeschlossene Neon-Schale (in der oben eingeführten Bezeichnungsweise $1s^2 2s^2 p^6$) und dazu noch ein einzelnes Elektron in der 3. Schale ($3s^1$), das relativ locker gebunden ist. Dem Chlor-Atom (Cl) fehlt noch ein Elektron zum Abschluß der äußeren Schale, die dann den Charakter einer Argon-Schale annimmt ($1s^2 2s^2 p^6 3s^2 p^6$); dieses Elektron wird der $3s$-Schale des Na entnommen. So bilden sich 2 stabile Ionen (Na^+ und Cl^-) mit Edelgasschalen, die sich anziehen und, das hängt natürlich noch von den Ionenradien ab, das sog. NaCl-Gitter bilden (Abb. 3).

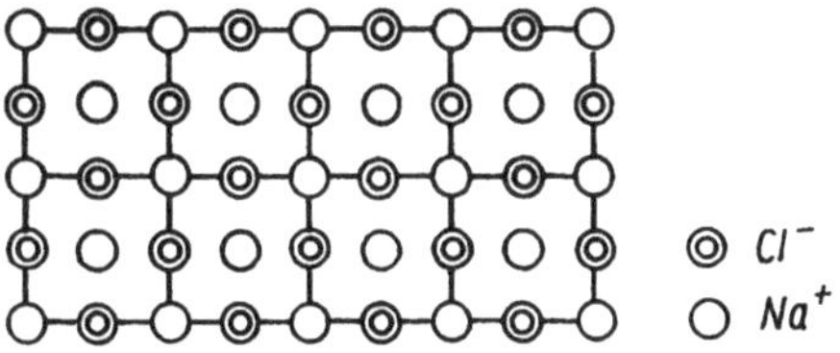

Abb. 3. Eine Ebene des Kochsalzgitters

Metalle setzen Elemente voraus, die keine abgeschlossenen Schalen haben und relativ leicht Elektronen abspalten. Diese tragen zur metallischen Leitfähigkeit bei. Anschaulich gesprochen bestehen Metalle aus einem Gitter positiv geladener Atomreste, das von einem Gas sehr beweglicher Elektronen erfüllt ist, dessen negative Ladung die positive des Gitters gerade kompensiert (Abb. 4).

Daß diese 3 Bindungsarten die typischen Eigenschaften von Hauptvalenzbindungen haben, sie sind absättigbar und gerichtet, ist wohl an Hand der stark vereinfachten Modelle verständlich. Man kann aus äußeren Eigenschaften auf die innere Struktur schließen und umgekehrt.

Nun gibt es aber auch Kristalle, die aus „vorgefertigten“ Bausteinen, aus Molekülen, bestehen. Dazu gehört z. B. bei tiefen Temperaturen kristallisiertes Benzol u. a. Hier werden die Moleküle durch sog. zwischenmolekulare Kräfte zusammengehalten. Das sind relativ schwache, nicht absättigbare Bindungen, die durch Ladungsverschiebungen in den Molekülen bei Annäherung, durch Dispersion, Dipol-Dipol-Kopplung oder sog. Wasserstoffbrücken entstehen. Diese z. T. miteinander konkurrierenden Kräfte sind theoretisch schwer zu fassen. Sie führen zu Strukturen, die sich leicht verändern. Dann spielt nicht nur die Lage der Molekülschwerpunkte eine Rolle, auch die Form ist von Bedeutung. Zur Charakterisierung der Struktur kann man etwa noch die Richtungen der längsten Molekülachse hinzunehmen; diese Angaben bezeichnen wir als Orientierung.

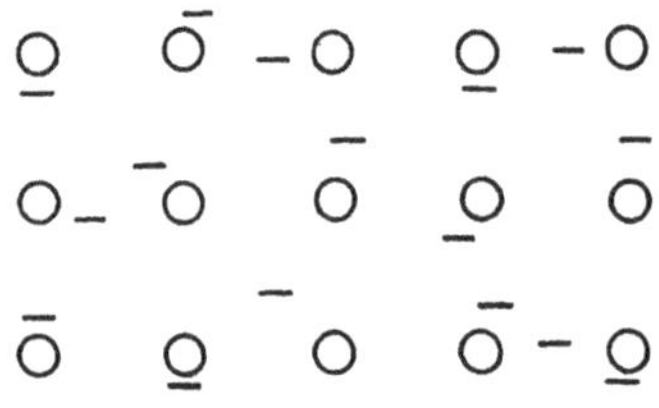

Abb. 4. Metallische Bindung (nur eine Ebene gezeichnet)
○ Metall-Atom-Rest (+)
– Elektron

Daß auch zwischenmolekulare Kräfte große Wirkungen haben können, sei am Wasser gezeigt. Das Wassermolekül (H_2O) hat ein Dipolmoment, es muß also gewinkelt sein. Infolgedessen sind alle Arten zwischenmolekularer Wechselwirkungen möglich. Man nimmt an, daß sich bereits im flüssigen Zustand Komplexe aus 4, 6 oder 8 Molekülen bilden, deren Anteile sich mit der Temperatur ändern. Dies führt zu einem anomalen Verhalten, wie es bisher bei keiner anderen Substanz beobachtet wurde. Im Normalfall nimmt die Dichte eines Körpers mit sinkender Temperatur zu. Wasser hat unter Normaldruck die größte Dichte (0,999973 g/cm^3) bei 4,1 °C; bei weiterer Abkühlung bis 0 °C nimmt sie wieder ab (0,999841 g/cm^3) (Abb. 5).

Wasser von 0 °C schwimmt dann oben, während sich am Boden 4 °C-Wasser sammelt. Das auf 0 °C abgekühlte Wasser sinkt nicht nach unten, der Lebensraum der Fische bleibt also bis zuletzt erhalten.

Eis hat ein um etwa 8,9% größeres Volumen als die gleiche Menge Wasser, es schwimmt oben und erschwert dadurch und in Verbindung mit der geringen Wärmeleitfähigkeit des Wassers das vollkommene Durchfrieren eines Sees. Gefrierendes Wasser wird wegen der Volumenzunahme zum Sprengstoff, der die Korrosion von Gesteinen fördert und damit auch Lebensraum auf dem

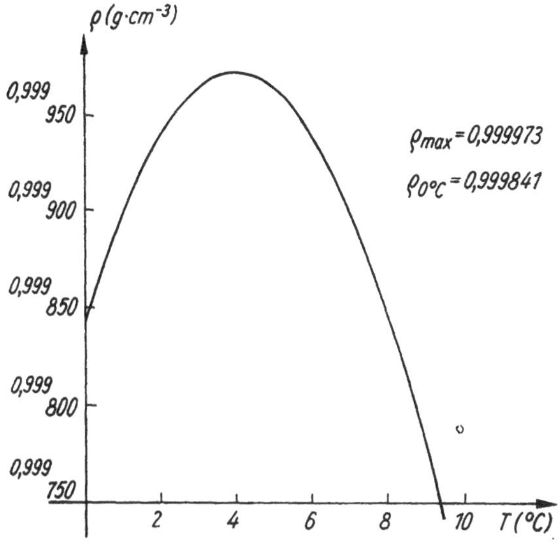

Abb. 5. Dichte des Wassers: Temperaturabhängigkeit oberhalb des Gefrierpunktes

Lande schafft. Es ist schwer vorstellbar, wie die Welt ohne diese Anomalie des Wassers aussähe.

2. Vor rd. 100 Jahren hat man molekulare Substanzen gefunden, bei denen der Übergang von der flüssigen zur festen Phase in mehreren Stufen stattfindet. In Flüssigkeiten herrscht keine Ordnung (genauer: keine Fernordnung; in kleinen Gruppen von wenigen Molekülen kann man manchmal von Nahordnung sprechen) und die Moleküle sind nicht orientiert. In Kristallen liegen die Schwerpunkte der Moleküle in den Punkten eines regelmäßigen Gitters und ausgezeichnete Achsen der Moleküle sind ausgerichtet. Das führt in vielen Fällen zur optischen Doppelbrechung, d. h. der Brechungsindex hängt von der Lage der Schwingungsebene des Lichtes zu den Kristallachsen ab.

Nun beobachteten 1888 Otto Lehmann in Karlsruhe und Friedrich Reinitzer in Prag mit dem Polarisationsmikroskop in einigen Flüssigkeiten und in bestimmten Temperaturbereichen kleine helle Flecke, die sich bewegten. Es mußte sich um orientierte Bereiche handeln, die Aufhellungen waren nur durch Doppelbrechung erklärbar.

Damit hatte man Substanzen, in denen Ordnung und Orientierung offenbar voneinander unabhängig sind. Otto Lehmann bezeichnete sie am Anfang auch als „lebende" Kristalle, doch bald setzten sich die Bezeichnungen „flüssige Kristalle" oder „kristalline Flüssigkeiten" durch; man spricht heute oft einfach von „Flüssigkristallen". Man unterscheidet lyotrope und thermotrope. Lyotrope Strukturen entstehen, wenn Moleküle mit einem hydrophilen und einem hydrophoben Ende etwa in Wasser gelöst sind; sie spielen als Membranen in biologischen Zellen eine große Rolle.

Wir beschäftigen uns hier nur mit thermotropen Flüssigkristallen. Das sind Verbindungen, auch Mischungen ähnlicher Verbindungen, die in bestimmten Temperaturbereichen flüssigkristallin sind; man spricht von flüssig-kristallinen Phasen im GIBBS'schen Sinn.

Dieses voneinander unabhängige Auftreten von Ordnung und Orientierung macht auch heute noch den besonderen Reiz der Beschäftigung mit Flüssigkristallen aus. Die Veränderung der Orientierung und damit z. B. des optischen Verhaltens in ungeordneten Systemen läßt vermuten, daß auch neue praktisch verwertbare Eigenschaften auftreten. Diese Effekte interessierten, aber an eine Nutzung, wie sie heute im Vordergrund steht, dachte in den ersten 80 Jahren der Flüssigkristallforschung kaum jemand.

Man fand bald, daß thermotrope Phasen hauptsächlich von walzenförmigen Molekülen gebildet werden; aber bis heute kann man für eine neu synthetisierte Verbindung nicht mit Sicherheit das flüssig-kristalline Verhalten vorhersagen. Das demonstrieren z. B. Verbindungen folgender Struktur (Abb. 6). Sie sind

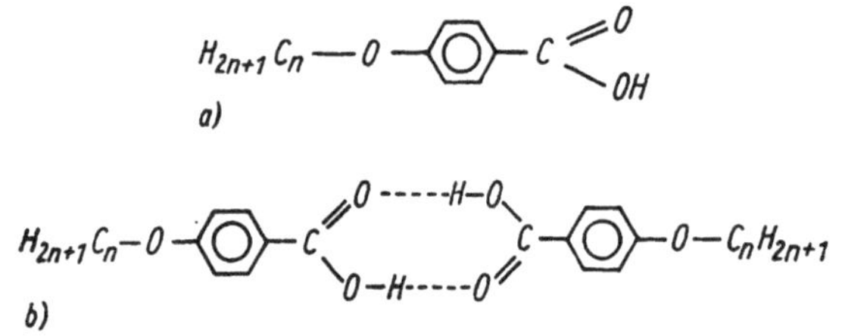

Abb. 6. Dimerisation (b) eines Moleküls vom Typ (a) durch doppelte Wasserstoffbrückenbindung

stark polar, aber mit sinkender Temperatur nimmt die Dielektrizitätskonstante (DK) ab. Das steht im Widerspruch zu den Erwartungen über die Temperaturabhängigkeit der DK bei polaren Flüssigkeiten. Hier nimmt man an, daß bei Temperaturabnahme immer mehr Molekülpaare durch doppelte Wasserstoffbrücken miteinander gekoppelt werden. Dadurch werden die Dipolmomente kompensiert und es entstehen starre, walzenförmige Einheiten. Als Folge dieser Dimerisation tritt eine nematische Phase auf.

Man beobachtet mehrere flüssig-kristalline Phasen, die man mit optischen, dielektrischen, mechanischen u. a. Meßmethoden unterscheiden kann. Man kann diese in 2 Gruppen einteilen:

1. Nematische (fadenförmige) Phasen: Die Molekülschwerpunkte sind völlig

ungeordnet, aber die Moleküllängsachsen sind annähernd parallel zueinander orientiert (Abb. 7a)

2. Smektische (seifige) Phasen: die Molekülschwerpunkte liegen in Ebenen, die Längsachsen sind zueinander parallel (Abb. 7b)

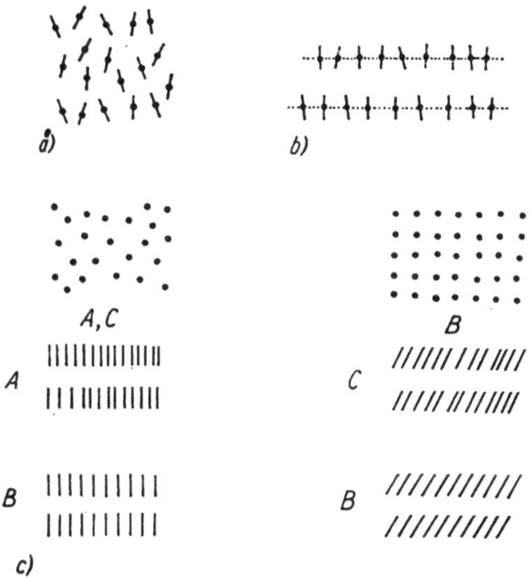

Abb. 7. Nematische und smektische Phasen

a) nematische Phase: statistische Verteilung der Molekülschwerpunkte bei orientierten Molekülen

b) Schichtstruktur smektischer Phasen

c) Verteilung der Molekülschwerpunkte in den Schichtebenen von Sm-A, Sm-C und Sm-B (2 Möglichkeiten)

Man wird natürlich sofort nach der Ordnung in den smektischen Ebenen fragen: Es gibt statistische Verteilungen (smektisch-A und smektisch-C) und geordnete (z. B. smektisch-B), bei denen die Schwerpunkte in Sechsecken oder Quadraten angeordnet sind.

Bei der Entdeckung der verschiedenen smektischen Phasen hatte man allerdings noch keine Vorstellungen über deren Struktur. SACKMANN und DEMUS stellten Anfang der 60er Jahre fest, daß nicht alle smektischen Phasen miteinander mischbar sind. Sie nannten die erste A, die nächste, damit nicht mischbare B, dann C usw. Die Bezeichnungen sind also willkürlich; die Bestimmung der Ordnung und Orientierung erfolgte später. Diese durch Buchstaben gekennzeichneten smektischen Arten sind also Phasen im thermodynamischen Sinn (Abb. 7c).

Daneben beobachtet man noch chirale Typen, also optisch aktive Flüssigkristalle mit einem sehr hohen Drehvermögen. Die cholesterinischen Verbindungen (Abb. 8) sind mit nematischen Phasen beliebig mischbar; thermodynamisch gesehen sind es also nicht gesonderte Phasen, von der Struktur her unterscheiden sie sich aber sehr von den nematischen. Man spricht von strukturellen Phasen.

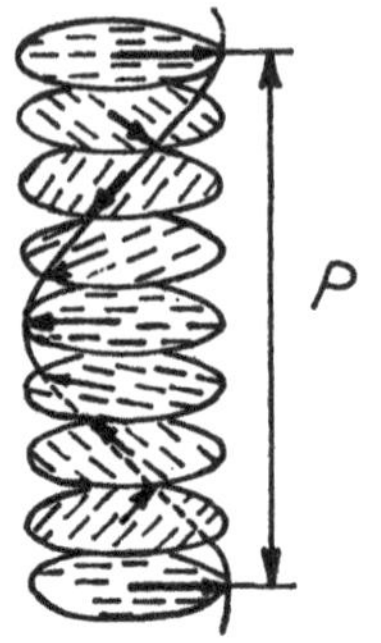

Abb. 8. Cholesterinische Phase (chiral-nematisch): p = Pitchhöhe

Seit etwa 10 Jahren kennt man auch chirale smektische Phasen, z. B. chirale Smektisch-C Phasen. Es ist üblich geworden, die Chiralität durch ein * am Phasensymbol zu kennzeichnen, also N* für cholesterinisch, Sm-C* usw. zu schreiben.

1888 teil F. Reinitzer in einem Brief an O. Lehmann seine Beobachtungen an Cholesterylbenzoat mit: Beim Abkühlen fand er „*prächtige Farberscheinungen; es traten prachtvolle violette, blaue, grüne und orangerote Farben auf.*“ O. Lehmann bestätigte diese Beobachtungen, schrieb ihnen jedoch keine besondere Bedeutung zu. Heute wissen wir, daß es sich um sog. blaue Phasen (B. P.) handelt. Die Farbe entsteht durch Selektivreflexion zirkular polarisierten Lichtes, sie liegt bei vielen Cholesterylestern im Blauen. Diese B. P. sind schwer zu beobachten, da sie nur in einem schmalen Temperaturbereich (Größenordnung 1 °C) zwischen der isotropen und der cholesterinischen Phase auftreten. Diese Phasen – man unterscheidet inzwischen 3 blaue Phasen – sind stark optisch aktiv, drehen die Schwingungsebene des Lichtes ähnlich wie die cholesterinische, sie zeigen aber überraschenderweise keine Doppelbrechung, sie sind optisch isotrop. Ähnliches Verhalten zeigen Festkörper der kubischen Kristallklassen T und O. Daher schlug Saupe zur Erklärung der B. P. eine Molekülverteilung kubischer Symmetrie vor, die keine Doppelbrechung aufweist, bei der das Drehvermögen der einzelnen Moleküle aber nicht kompensiert wird. Dieses Modell wurde weitgehend bestätigt, als es 1981 Stegemeyer und Mitarbeitern gelang, aus der amorphen Schmelze Einkristalle mit würfelartigem oder rhombendodekaedrischem Habitus zu züchten (Abb. 9). Physikalisch interessant und noch nicht gänzlich geklärt ist die Tatsache, daß hier offenbar der Weg von der ungeordneten, unorientierten Schmelze zur optisch einachsigen Helixstruktur über eine Phase geht, in der die Helixachsen dreidimensional geordnet sind.

Abb. 9. Quadratische Strukturen in blauen Phasen (Dissertation BOHN)

Allgemein ist zu erwarten, daß Ordnung und Orientierung mit sinkender Temperatur zunehmen, es treten immer mehr Symmetrieelemente auf. Bei Polymorphismus, also wenn zwischen der isotrop-flüssigen und der kristallinen Phase mehrere flüssig-kristalline liegen, wird man eine feste Phasenfolge erwarten:

isotrop –N–Sm-A–Sm-D–Sm-C–Sm-F–Sm-B < Sm-E oder Sm-G

Wenn 2 oder mehr flüssig-kristalline Phasen vorkommen, wird bei der Abkühlung nie eine Phase vor einer links von ihr stehenden auftreten.

3. Bereits mit diesen qualitativen Vorstellungen von Ordnung und Orientierung im kristallin-flüssigen Bereich lassen sich alle wesentlichen Erscheinungen erklären. Dabei muß allerdings hinzugefügt werden, daß in einer sich selbst überlassenen Substanz einheitlicher Temperatur diese Strukturen immer nur in einem zwar makroskopischen, aber sehr kleinen (Durchmesser in der Größenordnung von 10^{-5} m bis 10^{-4} m) Bereich einheitlich sind; in unmittelbarer Nachbarschaft können andere Vorzugsrichtungen vorherrschen, wobei es dahin gestellt sei, ob der Übergang von einer zu einer anderen Richtung sich kontinuierlich oder diskontinuierlich vollzieht.

An einem solchen „polykristallinen“ System hätte man wenig Meßdaten sammeln können. Es ist aber möglich, durch äußere Kräfte diese kleinen Bereiche parallel zu stellen, so daß die gesamte Probe einheitlich geordnet und orientiert erscheint. Eine derartige Ordnung läßt sich zuverlässig nur in der nematischen Phase herstellen: in smektischen Phasen sind die Viskositäten meistens so hoch, daß die äußeren Kräfte zur Umorientierung der kleinen Bereiche nicht ausreichen. Man kann nachhelfen, indem man die Temperatur bis zur nematischen Phase steigert, hier orientiert und danach wieder zurück in die smektische geht. Existiert keine nematische Phase, so führt auch oft eine sorgfältige Abkühlung aus der isotropen Phase unter ständiger Einwirkung des orientierenden Momentes zum Ziel

Längliche Moleküle sind magnetisch anisotrop; die Suszeptibilität in Längsrichtung ist größer als quer dazu.

$$\Delta\chi = \chi_L - \chi_q > 0 \tag{1}$$

Infolgedessen ist die energetisch günstigste Lage der Moleküle parallel zu einem äußeren Magnetfeld B. Das an den kleinen, orientierten Bereichen an-

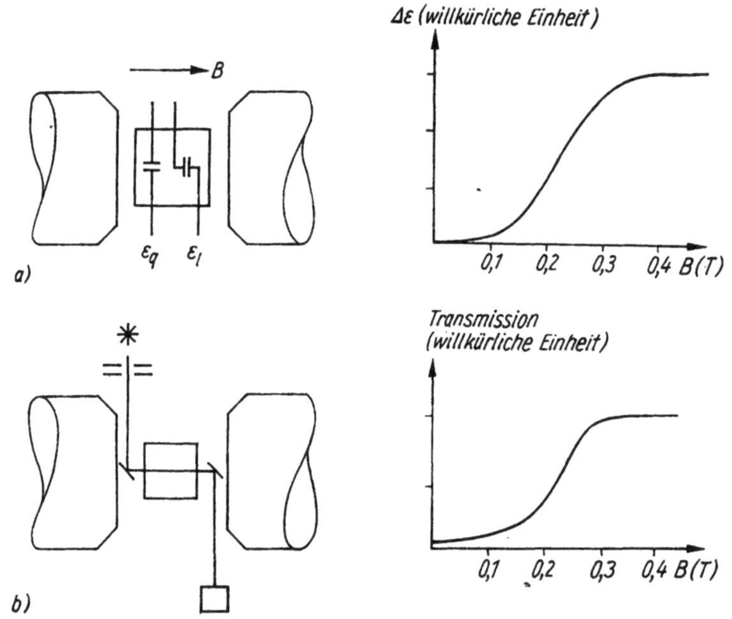

Abb. 10a. Dielektrische Anisotropie nematischer Phasen in Abhängigkeit von der magnetischen Feldstärke B: Meßprinzip und qualitatives Ergebnis

Abb. 10b. Transmission nematischer Phasen in Richtung eines äußeren Magnetfeldes: Meßprinzip und qualitatives Ergebnis greifende Moment ist bereits bei $B = 0{,}2\cdots0{,}4$ T groß genug, um diese vollkommen parallel zu stellen. Das kann man mit optischen oder dielektrischen Messungen überprüfen (Abb. 10).

Mißt man

$$\Delta\varepsilon = \varepsilon_{\parallel} - \varepsilon_{\perp} \tag{2}$$

in Abhängigkeit vom Magnetfeld, so beobachtet man bei den oben angegebenen Feldstärken eine Sättigung, d. h. alle Teilbereiche sind parallel.

Eine nematische Substanz erscheint normalerweise sehr trübe, da die Vorzugsrichtungen der einzelnen Bereiche — man spricht von Direktoren — in alle Richtungen zeigen, das Licht wird stark gestreut. Im Magnetfeld sind alle Direktoren parallel zueinander. In Feldrichtung gesehen wirkt die Substanz dann wie ein isotropes Medium, sie wird durchsichtiger.

Ähnlich verhält es sich in elektrischen Feldern. Allerdings kann hier die dielektrische Anisotropie eines Moleküls

$$\Delta\varepsilon_M = \varepsilon_L - \varepsilon_q \lesseqgtr 0 \tag{3}$$

positiv oder negativ sein; letzteres ist möglich, wenn eine polare Gruppe senkrecht zur Moleküllängsachse eingebaut ist.

Von großer praktischer Bedeutung ist die Orientierung durch Adhäsion, durch Wandkräfte. Man beobachtete schon frühzeitig, daß die Orientierung der unmittelbar anliegenden Moleküle durch vorheriges Reiben der Glasflächen beeinflußt werden kann. Das war zunächst etwas unbegreiflich. Auch heute kann man noch nicht alles erklären, aber man hat einleuchtende Rezepte, nach denen man reproduzierbare Wandorientierungen erzeugen kann. Nach gründlicher Reinigung bedampft man eine Glasplatte z. B. mit Siliziumoxid und kann je nach Bedampfungsrichtung verschiedene Orientierungen der Moleküle zur Glaswand herstellen.

In den meisten Fällen verwendet man homöotrope (die Moleküle stehen senkrecht auf der Glaswand) oder homogene bzw. planare Orientierung (die Moleküle liegen auf der Glaswand parallel zueinander). Die Wandorientierung pflanzt sich durch Wechselwirkung von Molekül zu Molekül fort über Schichtdicken von 10^{-5} bis $4 \cdot 10^{-5}$ m, so daß bis zu $5 \cdot 10^{-5}$ m dicke Schichten zwischen Glasplatten von den Wänden her vollkommen durchorientiert sind. Man kann auf diese Weise auch vertwistete Schichten herstellen, wenn man die Vorzugsrichtungen der beiden Glasplatten gegeneinander verdreht; die Moleküle sind dann „wendeltreppenartig" angeordnet (Abb. 11). Damit kann z. B. die Schwingungsebene des Lichtes gedreht werden.

Bringt man eine 90°-Twistzelle zwischen gekreuzte Polarisatoren wie in Abb. 12, dann geht Licht durch. Legt man zwischen die beiden Glasplatten, also parallel zur Ausbreitungsrichtung des Lichtes, eine elektrische Spannung,

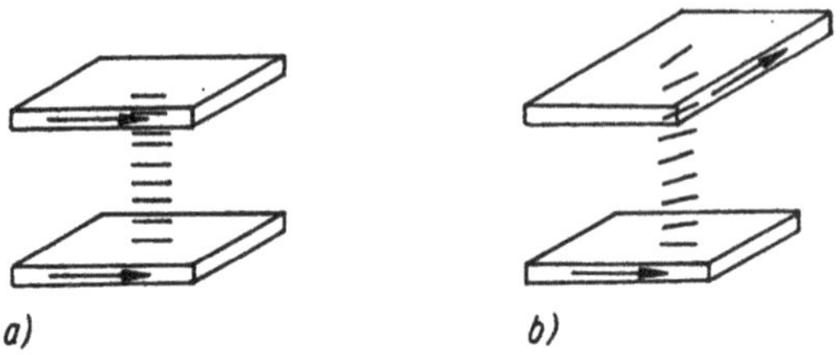

Abb. 11. Orientierung einer nematischen Phase zwischen präparierten Glasplatten (die Pfeile geben die Orientierung der Glasoberfläche an)

a) Beide Glasplatten sind parallel orientiert

b) Die Glasplatten sind gegeneinander um 90° verdreht (getwistet)

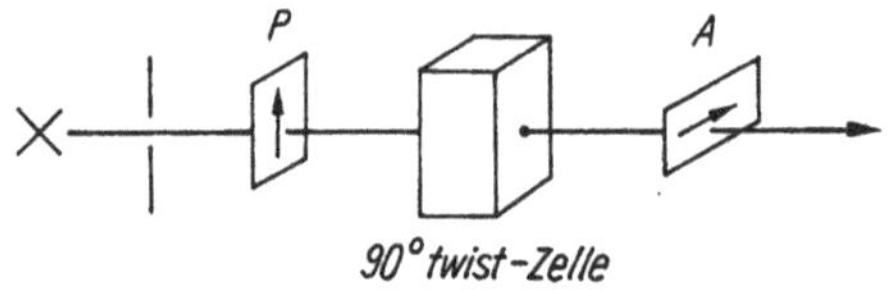

Abb. 12. Anordnung für Lichtdurchgang: Zwischen Polarisator (P) und Analysator (A), beide um 90° gegeneinander verdreht, befindet sich eine 90°-twist-Zelle (nematische Phase

so passiert zunächst nichts. Von einer bestimmten kritischen Feldstärke an (E_{kr}) klappen die molekularen Bereiche bis auf die unmittelbar an den Wänden liegenden um und stellen sich parallel zu E_{kr} (Abb. 13). Bei dieser Lage wird die Polarisationsebene des Lichtes durch die flüssig-kristalline Schicht nicht mehr gedreht, und das Licht wird durch den Analysator gesperrt, bei $E > E_{kr}$ wird es dunkel. Dieses Umklappen nennt man FREDERIKS-Übergang. Man kann den umgekehrten Effekt erzielen, wenn man Polarisator und Analysator parallel stellt. Dann ist es ohne elektrisches Feld dunkel, und nach dem FREDERIKS-Übergang wird es hell.

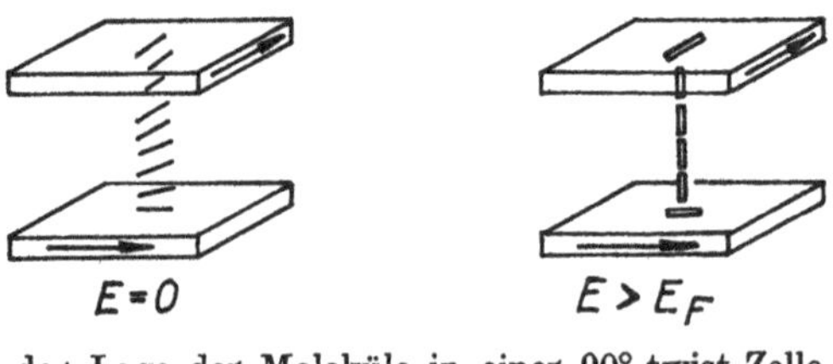

Abb. 13. Änderung der Lage der Moleküle in einer 90°-twist-Zelle bei Anlegen eines genügend großen elektrischen Feldes

Dieses Prinzip der Hell-Dunkel-Steuerung wird heute in den meisten Ziffern-Displays an Armbanduhren, Taschenrechnern u. ä. angewendet. Bei Schichtdicken von etwa 10^{-5} m kommt man mit Spannungen von rd. 10 Volt aus. Das ist eine bequeme Größenordnung, da sie mit den in der Mikroelektronik üblichen Werten kompatibel ist. Ein wesentlicher Vorteil dieses Orientierungsmechanismus gegenüber der früher benutzten dynamischen Streuung (1970 bis 1975) ist, daß kein Strom fließt, nur ein ganz kurzer Impuls bei der Umorientierung; die Orientierung selbst wird durch das Feld allein aufrecht erhalten, die Spannungsquelle wird kaum belastet. Allerdings dauert die Umorientierung in nematischen Phasen etwa 0,1 s. Das ist für bewegte Bilder zu lang. Man versucht mit Super-Twist-Zellen (Drehwinkel größer als 90°, z. B. 270°) oder günstigeren Substanzen Verkürzungen dieser Schaltzeiten zu erreichen, aber die bisherigen Erfolge sind noch nicht durchschlagend.

4. Interessant sind stets die Phasenübergänge. Wie verhalten sich z. B. Ordnung und Orientierung beim Übergang nematisch — kristallin? Wir untersuchten dies vor einiger Zeit mit Hilfe der Protonen-NMR. Hierbei werden die Resonanzen von Protonen-Spins in einem homogenen Magnetfeld ausgemessen [1]. Wenn Moleküle vom Typ der Abb. 14 sich sehr schnell wie in

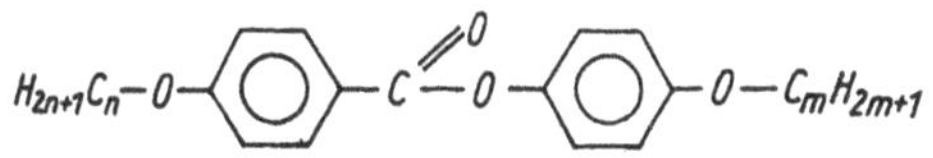

Abb. 14. Typische Struktur eines Moleküls, das nematische Phasen bildet

einer isotropen Flüssigkeit bewegen, mitteln sich fast alle Wechselwirkungen mit den Protonen aus, und man erhält eine relativ schmale Linie (Abb. 15a); in einem polykristallinen Pulver ist eine sehr breite Protonen-Linie zu erwarten als Überlagerung vieler, durch Dipol-Dipol-Kopplung entstandener Liniendubletts von Protonenpaaren unterschiedlicher Orientierung (Abb. 15b). In der nematischen Phase sind die Längsachsen der Moleküle annähernd paral-

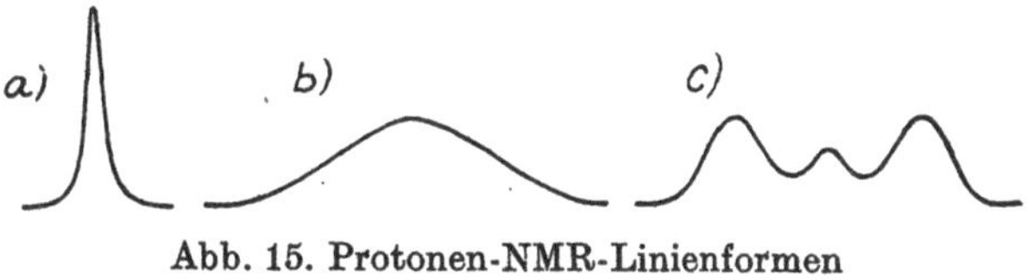

Abb. 15. Protonen-NMR-Linienformen
a) in einer isotropen Flüssigkeit
b) in polykristallinem Material
c) in einer durch das Magnetfeld orientierten nematischen Phase

lel; die Proton-Proton-Paare an den Benzen-Ringen ergeben ein Dublett und die restlichen Protonen der beweglichen aliphatischen Ketten eine mehr oder weniger ausgeprägte Mittellinie (Abb. 15c). Wird aus einer orientierten nematischen Probe bei der Abkühlung ein Einkristall? Das konnte nicht bestätigt werden, aber im Übergangsbereich, d. h. kurz unterhalb der Kristallisations-Temperatur, fanden wir neben der nematischen Linie (Abb. 15c) noch eine schmale Linie (Abb. 15a). Es konnte sich (Abb. 16) nicht um Verunreinigungen

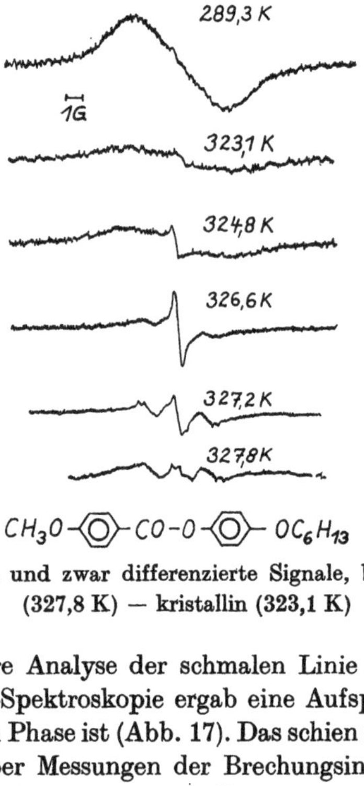

Abb. 16. Protonen-NMR, und zwar differenzierte Signale, beim Übergang nematisch (327,8 K) — kristallin (323,1 K)

handeln. Eine genauere Analyse der schmalen Linie mit den Methoden der hochaufgelösten NMR-Spektroskopie ergab eine Aufspaltung, die typisch für eine Linie der isotropen Phase ist (Abb. 17). Das schien zunächst unwahrscheinlich. Dann ergaben aber Messungen der Brechungsindices mit einem ABBE-Refraktometer den in Abb. 18 gezeigten Temperaturverlauf. Im nematischen Bereich beobachtet man, er ist ja doppelbrechend, 2 Werte für den ordentlichen und den außerordentlichen Strahl, bei der Kristallisation müssen diese verschwinden, denn an Kristallen kann man mit dieser Methode keine Brechungsindizes messen. Trotzdem werden in der Nähe des Phasenüberganges nematisch-kristallin noch Werte für einen Brechungsindex beobachtet, die dem isotrop-flüssigen Zustand zugeschrieben werden müssen. Dafür spricht auch die Tatsache, daß diese Werte die Fortsetzung der in der isotropen Phase gemessenen darstellen. Beim Übergang von der teilweise orientierten, ungeordneten nematischen Phase in die orientierte und geordnete kristalline tritt also eine ungeordnete, unorientierte Komponente auf, die nach unseren bisherigen Erfahrungen Schwankungserscheinungen im Übergangsbereich zugeschrieben werden muß.

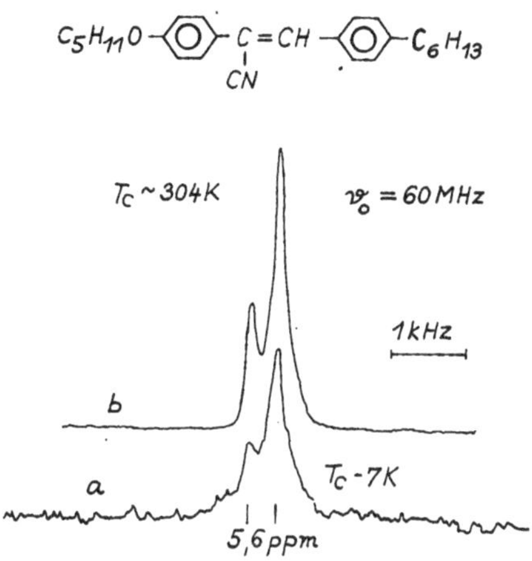

Abb. 17. Analyse der schmalen Komponente im Übergangsbereich mit Hilfe der hochauflösenden NMR

a) Aufspaltung im Übergangsbereich nematisch — kristallin

b) Aufspaltung der Linie in der isotrop-flüssigen Phase

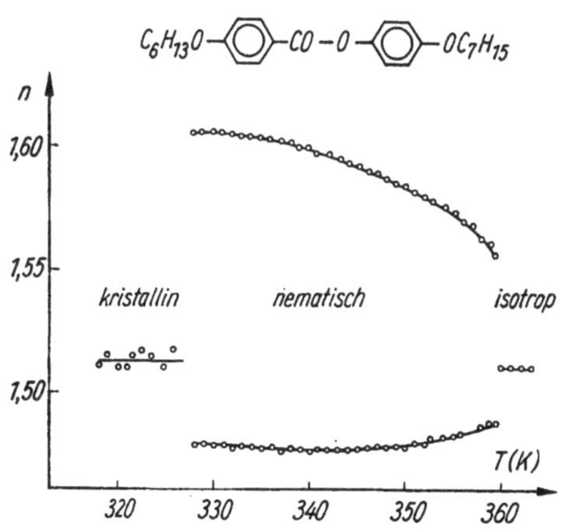

Abb. 18. Typische Temperaturabhängigkeit der Brechungsindices. Die Werte im kristallinen Bereich können nur flüssigen Anteilen zugeordnet werden

5. Die Bildung flüssig-kristalliner Phasen hängt offenbar von einer starken Formanisotropie der Moleküle ab. Walzenförmige Moleküle stellen aber nur eine der möglichen anisotropen Formen dar. Ähnliche Phasen müßten auch bei scheibenförmigen Molekülen auftreten. Bei Walzen ist die Symmetrieachse die Achse des kleinsten Trägheitsmomentes, um die schnelle Drehungen möglich sind. Derartige Rotationen sind wahrscheinlich auch eine Voraussetzung für die Bildung mesogener Phasen. Bei Scheiben hat die Symmetrieachse hingegen maximales Trägheitsmoment.

1977/78 fand CHANDRASEKAR flüssig-kristalline Phasen mit scheibenförmigen Molekülen der Art nach Abb. 19. Man konnte verschiedene Phasen nachweisen (Abb. 20) und bestätigte so die Hypothese, daß die Formanisotropie entscheidend ist.

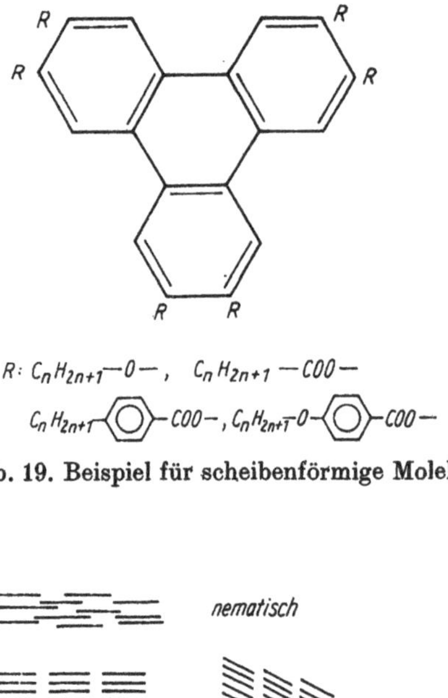

Abb. 19. Beispiel für scheibenförmige Moleküle

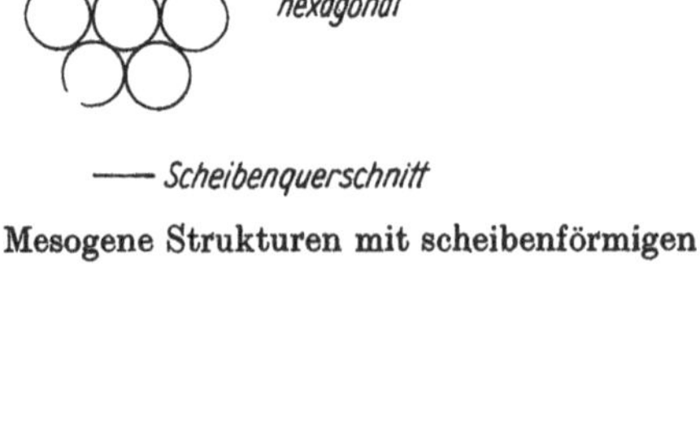

Abb. 20. Mesogene Strukturen mit scheibenförmigen Molekülen

ZIMMERMANN wies auch mit tellerförmigen Molekülen mesogene Phasen nach.

Uns interessierte, ob auch nicht rotationssymmetrische Moleküle flüssigkristalline Phasen bilden. H. K. SINGH [2] untersuchte das Orientierungsverhalten an einer Verbindung mit 3 Benzen-Ringen (Abb. 21), von denen der mittlere eine Lateralkette *Y* hatte.

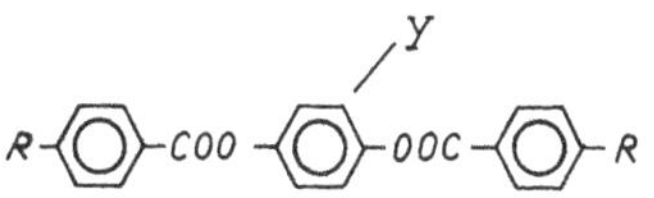

Abb. 21. Beispiel eines Moleküls mit einer Seitenkette

Die beiden Endketten *R* waren z. B. $C_8H_{17}O$- und als Lateralkette *Y* wurde H, Cl, CH_3, COC_3H_7 $COOC_5H_{11}$ oder C_7H_{15} verwendet. Ausgehend von der Rotationssymmetrie wurde die Asymmetrie immer weiter verstärkt. Die Orientierung wurde mit NMR-Methoden bestimmt. ^{1}H-Resonanz ergab nur wenig aussagekräftige Informationen, aber mit ^{13}C-Resonanz konnte sogar das Orientierungsverhalten einzelner C-Atome verfolgt werden. Mit zunehmender Länge der Lateralkette nahm, wie zu erwarten, die Übergangstemperatur nematisch-isotrop ab (von 467 K bis 352 K), aber der Verlauf der Orientierungen mit der Temperatur, bezogen auf die Übergangstemperatur, war in allen Fällen in den Grenzen der Meßgenauigkeit gleich. Auch die sog.Querorientierung änderte sich nicht, sie war vernachlässigbar. Das ist zunächst überraschend; doch wenn man bedenkt, daß diese Lateralketten nicht steif sind, sondern sich an das Molekül anlegen, sich verknäulen, wächst die effektive Anisotropie nicht linear mit der Länge der Lateralkette, und die Beobachtungen sind erklärbar.

Daß starre Molekülsegmente notwendig sind, um mesogene Phasen zu erhalten, zeigen auch die polymeren Flüssigkristalle. In reinen Polymeren sind die Molekülketten verknäult; durch Kaltversteckung lassen sie sich zwar annähernd parallel ausrichten (aus derartig verstreckten Folien kann man optische Polarisatoren herstellen), aber eine „Selbstorientierung" im Sinne der Flüssigkristalle findet nicht statt. Erst wenn man starre Segmente in die polymeren Ketten einbaut, kann man flüssig-kristallines Verhalten beobachten. Man unterscheidet, je nachdem ob die starren Segmente in die langen Ketten eingebaut oder seitlich angehängt werden, Haupt- und Seitenkettenflüssigkristalle (Abb. 22), die nematische und smektische Phasen bilden können. Wegen ihrer interessanten Eigenschaften gewinnen hochpolymere Flüssigkristalle in den letzten Jahren zunehmend an Bedeutung. Übrigens hat DE GENNES schon vor 15 Jahren die Idee geäußert, Flüssigkristalle zu polymerisieren, um eine orientierte Polymerisation zu erreichen.

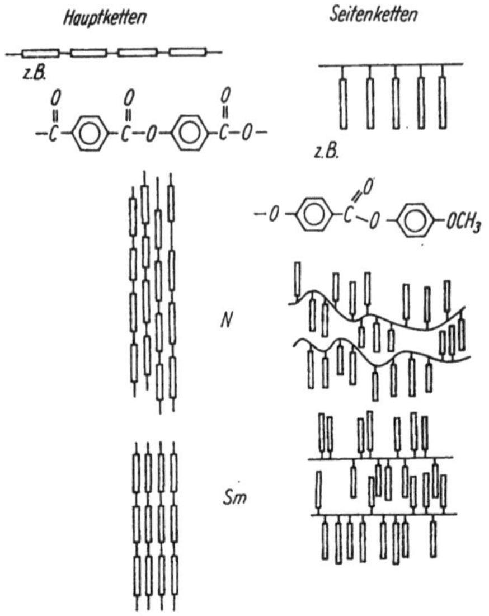

Abb. 22. Mögliche Strukturen flüssig-kristalliner Polymere

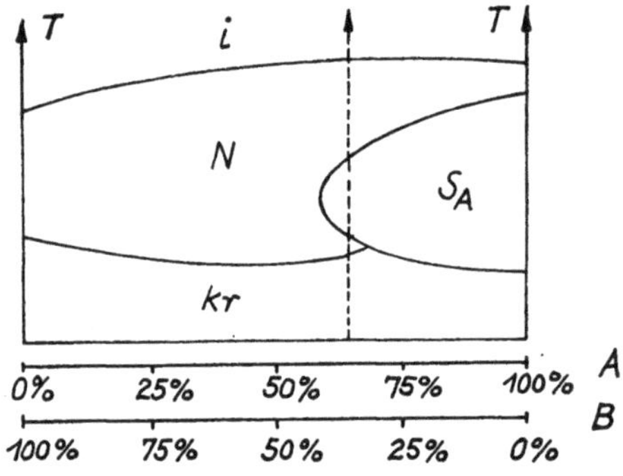

Abb. 23. Beispiel für das Phasendiagramm einer Mischung zweier Verbindungen mit einer nematischen (B) bzw. einer Sm-A- und einer nematischen Phase (A)

6. In der einleitenden Übersicht (Punkt 2) hatten wir darauf hingewiesen, daß bei Polymorphie eine bestimmte Reihenfolge der verschiedenen Phasen vorliegt. Dies schien ein Grundgesetz zu sein, das mit der stetigen Zunahme der Symmetrien bei Abkühlung erklärbar ist. Da wurden vor etwa 11 Jahren Abweichungen gefunden, die nicht in dieses Bild passen: Auf eine isotrope, nematische und Smektisch-A Phase folgte bei weiterer Abkühlung wieder eine

nematische, ehe die Substanz smektisch-C wurde. In einem anderen Fall wurde die Probe nach smektisch-A und smektisch-C wieder smektisch-A. Man spricht von „reentrant“, wiederkehrenden, Phasen und kennzeichnet sie mit N′ schreibt also N′, Sm-A′ usw. Man dachte erst an spezielle Einflüsse der Dipol-Dipol-Wechselwirkung zwischen Molekülen. Da diese Umkehr der natürlichen Phasenfolge aber meistens bei Gemischen mehrerer flüssig-kristalliner Komponenten auftritt, scheint die Existenz von reentrant Phasen eher mit der Struktur von Phasendiagrammen erklärbar (Abb. 23):

Bei bestimmter Zusammensetzung können — wie bei diesem Beispiel — zwei nematische Bereiche, durch smektisch-A getrennt, auftreten.

7. Um weitere Schlußfolgerungen ziehen zu können, müssen wir uns etwas mit der Beschreibung der Orientierung befassen. Die Eigenschaften eines Moleküls sind im allgemeinen nicht durch skalare Größen beschreibbar. Das durch ein elektrisches Feld E induzierte Dipolmoment μ_i kann man schreiben

$$\mu_i = \alpha \cdot E_i \tag{4}$$

Die Polarisierbarkeit α hängt von der Richtung des Feldes zu den Molekülachsen ab, sie beschreibt die Verschiebbarkeit der Ladungen. Wegen der innermolekularen Bindungen erfolgt die Ladungsverschiebung nicht nur in Richtung des äußeren Feldes. Die Polarisierbarkeit hat den Charakter eines Tensors 2. Stufe:

$$\|\alpha\| = \begin{pmatrix} \alpha_{\xi\xi} & \alpha_{\xi\eta} & \alpha_{\xi\zeta} \\ \alpha_{\eta\xi} & \alpha_{\eta\eta} & \alpha_{\eta\zeta} \\ \alpha_{\xi\xi} & \alpha_{\zeta\eta} & \alpha_{\zeta\zeta} \end{pmatrix} \tag{5}$$

ξ, η, ζ seien 3 orthogonale Achsen des Moleküls. Nun kann man nicht einzelne Moleküle untersuchen, sondern bestimmt z. B. den Brechungsindex an einer Vielzahl von Molekülen in einem raumfesten Koordinatensystem x, y, z. Auch der Brechungsindex muß im allgemeinen Fall durch einen Tensor dargestellt werden,

$$\|n\| = \begin{pmatrix} n_{xx} & n_{xy} & n_{xz} \\ n_{yx} & n_{yy} & n_{yz} \\ n_{zx} & n_{zy} & n_{zz} \end{pmatrix} \tag{6}$$

wobei die einzelnen Werte sich durch Mittelbildung über allen Molekülen ergeben. Die Projektion der Polarisierbarkeiten auf das x, y, z-System erfolgt durch einen Abbildungstensor

$$\|n\| = T_{k,l;\mu,\nu} \, \|\alpha\| \qquad \begin{matrix} k, l\colon x, y, z \\ \mu, \nu\colon \xi, \eta, \zeta \end{matrix} \tag{7}$$

Dieser muß im allgemeinen Fall $9 \cdot 9 = 81$ Komponenten haben. Dieser Abbildungstensor enthält die Orientierung der Moleküle im Labor-System.

Die Anzahl der Komponenten verringert sich, wenn man von einigen naheliegenden Voraussetzungen ausgeht, z. B. wenn die Tensoren in den Gleichungen (5) bis (7) symmetrisch sind, also die Werte sich nicht ändern, wenn man k, l oder μ, ν vertauscht, und wenn man die Tensoren so definiert, daß deren Spur (Diagonalsumme) = 0 ist, insbesondere daß

$$\sum_{\mu} T_{k,l,\mu,\mu} = \sum_{k} T_{k,k,\mu,\nu} = 0 \tag{8}$$

Dann bleiben noch 25 unabhängige Komponenten übrig [3]. Für rotationssymmetrische Moleküle und wenn z. B. Polarisierbarkeit und Brechungsindex invariant gegenüber Inversion sind — ein wesentliches Merkmal flüssiger Kristalle — also

$$f(\boldsymbol{n}) = f(-\boldsymbol{n}) \tag{9}$$

($\boldsymbol{n}$ ist eine bevorzugte Richtung,) dann ist die Orientierung durch einen Tensor 2. Stufe darstellbar. Wir schreiben jetzt an Stelle von T

$$\|S\| = \begin{pmatrix} S_{xx} & S_{xy} & S_{xz} \\ S_{yx} & S_{yy} & S_{yz} \\ S_{zx} & S_{zy} & S_{zz} \end{pmatrix} \tag{10}$$

Für einen symmetrischen Tensor, d. h. wenn $S_{xy} = S_{yx}$, $S_{xz} = S_{zx}$ usw. ist, sind dann nur noch 5 Komponenten notwendig. Tensoren dieser Art lassen sich durch Wahl eines geeigneten Koordinatensystems auf Diagonalform bringen

$$\|S\| = \begin{pmatrix} S_{xx} & 0 & 0 \\ 0 & S_{yy} & 0 \\ 0 & 0 & S_{zz} \end{pmatrix} \tag{11}$$

Nunmehr werden nur noch 3 Komponenten benötigt, die restlichen 2 stecken in Angaben zur Orientierung des neuen Hauptachsensystems (X, Y, Z) in Bezug auf das ursprüngliche Laborsystem (x, y, z).

Man kann auch auf anderem Wege zu dieser Form kommen: Die Richtungen der Längsachsen stabförmiger Moleküle seien durch Einheitsvektoren $\boldsymbol{a}(\boldsymbol{r})$ und die lokale Vorzugsrichtung, der Direktor, durch $\boldsymbol{n}(\boldsymbol{r})$ gekennzeichnet.

Die Orientierung ist dann durch die Verteilung der $\boldsymbol{a}(\boldsymbol{r})$ um $\boldsymbol{n}(\boldsymbol{r})$ gegeben. Sie kann nicht durch eine skalare oder eine vektorielle Größe wieder gegeben werden, denn dann wäre die Invarianz gegenüber Inversion (9) nicht mehr gewährleistet; ein ferroelektrischer, nematischer Zustand ist in Flüssigkristallen noch nicht gefunden worden. Die Orientierung muß also durch einen Tensor 2. Stufe dargestellt werden, der, wenn er symmetrisch ist, 5 unabhängige Komponenten hat. Wir schreiben

$$\|S\| = \begin{pmatrix} S_{kk} & S_{kl} & S_{km} \\ S_{lk} & S_{ll} & S_{lm} \\ S_{mk} & S_{ml} & S_{mm} \end{pmatrix} \tag{12}$$

mit $S_{k,l} = \langle a_k a_l \rangle - 1/3\delta_{k,l}$ $\quad k, l, m = x, y, z.$
$\delta_{k,l}$ ist der Kronecker-Tensor, a_k, a_l sind Komponenten des Einheitstensors $\boldsymbol{a}$ im x, y, z-System. Im isotropen Fall wird $\langle a_k^2 \rangle = 1/3$ und $S_{k,l} = 0$; $\|S\|$ ist ein spurloser Tensor.

Die Einführung eines geeigneten Hauptachsensystems führt wie in (11) wieder auf eine dreikomponentige Form.

Wir beschränken uns weiterhin auf den einachsigen Fall, d. h. der Brechungsindex ist (im Laborsystem) rotationssymmetrisch. Dann sind 2 der Komponenten gleich, etwa $S_{xx} = S_{yy}$, und mit der Bedingung $S_{xx} + S_{yy} + S_{zz} = 0$ kann man dann schreiben

$$S_{zz} = 2/3S, \qquad S_{xx} = S_{yy} = -1/3S \tag{13}$$

$$2S = \langle 3 \cos^2 \theta - 1 \rangle \tag{14}$$

θ ist der Winkel zwischen Moleküllängs- und Z-Achse. Für isotrope Verteilung gilt wiederum $\langle \cos^2 \theta \rangle = 1/3$ und $S = 0$ und für vollkommene Ausrichtung $(\theta = 0)$ $S = 1$.

Die Darstellung der Orientierung durch eine skalare Größe ist also an mehrere Voraussetzungen geknüpft.

Drücken wir die Orientierung (im einachsigen Fall) durch eine Verteilungsfunktion $f(\theta)$ aus, dann gibt $2\pi f(\theta) \sin \theta \, d\theta$ den Anteil der Moleküle wieder, deren Längsachsen in einen Konus mit dem Öffnungswinkel θ und $\theta + d\theta$ zeigen (Abb. 24). Der Mittelwert irgendeiner Größe $A(\theta)$ ist dann gegeben durch

$$\langle A(\theta) \rangle = 2\pi \int_{\pi}^{0} f(\theta) \, A(\theta) \sin \theta d\theta, \tag{15}$$

wobei für Flüssigkristalle $f(\theta) = f(\pi - \theta)$, Gl. (9), gelten muß.

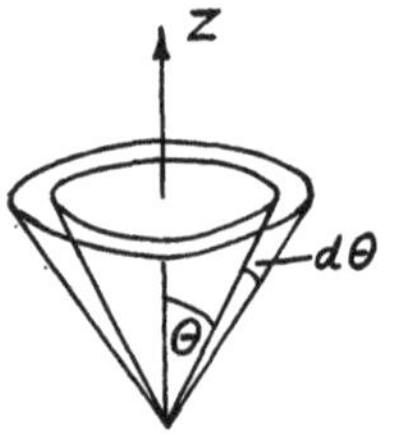

Abb. 24. Orientierungskonus mit der z-Achse als Symmetrieachse

8. Relativ früh wurde die Frage gestellt, ob ferroelektrische Flüssigkristalle möglich sind, also Systeme, bei denen durch die flüssig-kristalline Orientierung eine spontane elektrische Polarisation auftritt. Die Gl. (9) scheint das unmöglich zu machen, weil die Umkehr eines Moleküls den Gesamtzustand nicht ändert. Um dieser Frage nach gehen zu können, müssen wir einige Symmetriebetrachtungen anstellen.

Unter Symmetrielement versteht man bekanntlich eine Operation, die einen Körper in sich selbst überführt. So ist ein Zylinder nach der Spiegelung an der Mittelebene von der ursprünglichen Lage nicht mehr zu unterscheiden (Abb. 25). Aber auch jede Ebene, in der die Zylinderachse liegt, ist Spiegelebene. Man kann diesen Körper aber auch am Mittelpunkt spiegeln, indem man

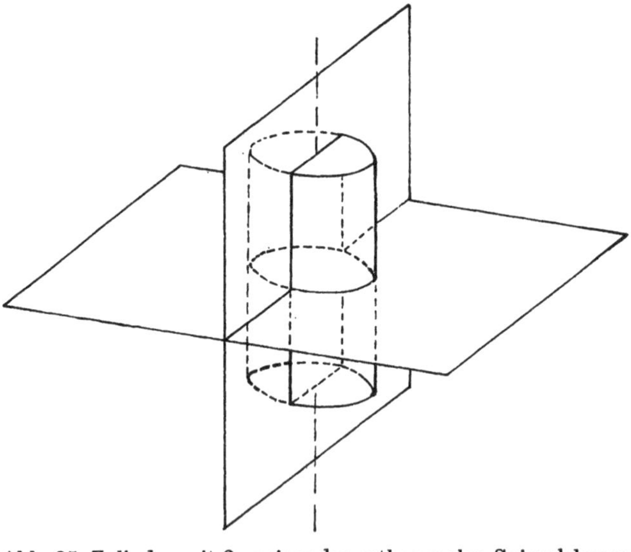

Abb. 25. Zylinder mit 2 zueinander orthogonalen Spiegelebenen

von jedem Punkt aus einen Strahl zum Zentrum zeichnet und diesen darüber hinaus um dieselbe Strecke verlängert; dasselbe würde man erreichen, wenn man diesen Körper in einem rechtwinkligen Koordinatensystem zeichnet, dessen Ursprung im Mittelpunkt liegt, und die Vorzeichen aller Koordinaten umkehrt (Inversion). Eine wichtige Rolle als Symmetrieelement spielen Drehungen. Man spricht von einer n-zähligen Drehachse, wenn der Körper nach einer Drehung um $360°/n$ mit sich zur Deckung kommt. Man erkennt leicht, daß alle durch den Mittelpunkt des Zylinders gehenden und in der zur Längsachse senkrechten Spiegelebene liegenden Geraden 2-zählige Drehachsen sind. Die Zylinderachse selbst ist ∞-zählig, denn bereits nach Drehung um beliebig kleine Winkel geht der Zylinder in sich selbst über.

Bei einem Würfel treten 2-, 3- und 4-zählige Drehachsen auf; in Abb. 26 ist von jeder Art nur eine eingezeichnet.

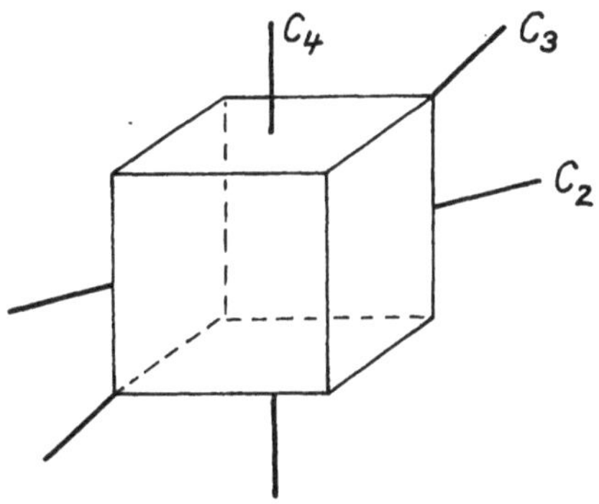

Abb. 26. Würfel. Es ist nur je eine zwei-, drei- und vierzählige Symmetrieachse eingezeichnet

Hier gibt es weiterhin ein Inversionszentrum und 12 Spiegelebenen. An beiden Beispielen erkennt man, daß die Symmetrieelemente nicht unabhängig voneinander sind: Eine bestimmte Kombination von Drehachsen erzeugt Spiegelebenen usw. Auf diese Relationen, die mit gruppentheoretischen Methoden eleganter erfaßt werden, brauchen wir hier nicht einzugehen.

Die Gesamtheit möglicher Symmetrieelemente bestimmt die Kristallklasse bzw. die Raumgruppe, zwei Begriffe, die sich bei der Klassifizierung von Kristallen bewährt haben.

Es sei noch darauf hingewiesen, daß polare und axiale Vektoren sich gegenüber Spiegelungen unterschiedlich verhalten. Ein polarer Vektor, der senkrecht auf der Spiegelebene steht, kehrt seine Richtung um (Abb. 27a). Ein axialer, der eine Drehbewegung in der Spiegelebene darstellt, behält seine Richtung bei; man sieht das sofort, wenn man die Drehung spiegelt (Abb. 27b).

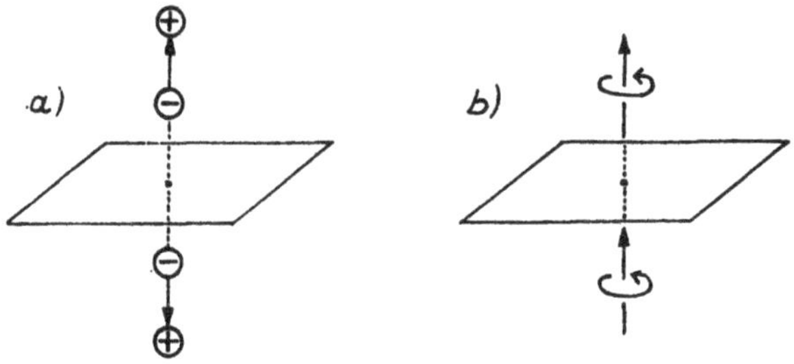

Abb. 27. Spiegelung an einer Ebene
a) eines polaren Vektors
b) eines axialen Vektors

9. Ferromagnetismus ist schon seit einigen tausend Jahren bekannt. In China waren bereits vor Beginn unserer Zeitrechnung Minerale bekannt, die „magnetisch" waren, d. h. sie zeigten eine spontane Magnetisierung. Man nutzte diese Eigenschaft schon frühzeitig, um sich im (magnetischen) Erdfeld zu orientieren. Wie wir heute wissen, entsteht diese Magnetisierung durch die gegenseitige Orientierung der atomaren Magnete (Atome mit nicht abgeschlossenen Elektronenschalen) mit Hilfe quantenmechanischer Austauschkräfte.

Den elektrischen Parallelfall, die spontane elektrische Polarisation, fand man erst 1921 an Kalium-Natrium-Tartrat-Einkristallen; man spricht von Ferroelektrizität. Während alle ferromagnetischen Erscheinungen auf einen Mechanismus, auf die erwähnten Austauschkräfte, zurückgeführt werden können, gibt es für die Ferroelektrizität keine einheitliche Theorie. Man unterscheidet grob zwischen Verschiebungspolarisation und Ordnungs-Unordnungs-Übergängen. Im ersten Fall gibt es für atomare Ladungen zwei Potentialminima unterschiedlicher Tiefe, im anderen Fall gehen die zunächst

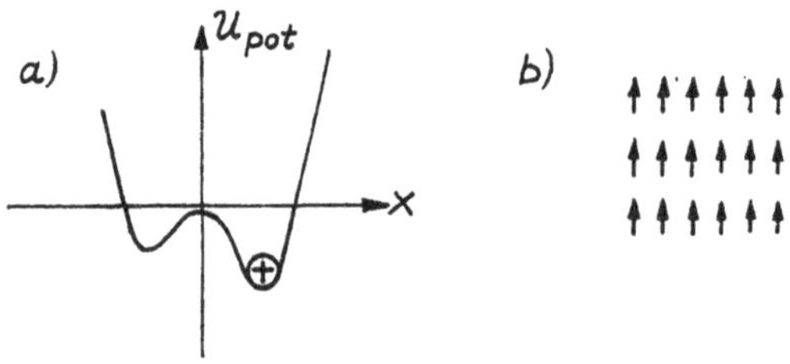

Abb. 28a. Potentialverlauf bei Verschiebungspolarisation
Abb. 28b. Polarisation bei Parallelorientierung

nicht orientierten molekularen Dipolmomente bei tieferen Temperaturen in eine Parallelstellung über (Abb. 28). Jede dieser Typen hat eine Reihe von Spielarten, es gibt Mischungen beider Typen, so daß fast jede Substanz, die Ferroelektrizität zeigt, einen eigenen Mechanismus hat.

Ferroelektrizität ist oft mit Piezoelektrizität verbunden: die elektrische Polarisation tritt auf oder verändert sich, wenn ein äußerer Druck wirkt (Anwendung z. B. in Tonabnehmern von Plattenspielern). Ferroelektrische Substanzen (z. B. Bariumtitanat) ermöglichen seit über 50 Jahren die Herstellung kleiner Kondensatoren hoher Kapazität, das sind Bauelemente, die für die Hochfrequenztechnik von Bedeutung sind.

Polare elektrische Eigenschaften schließen Spiegelebenen senkrecht zur Dipolachse aus. Andererseits hatten wir gesehen, daß die Invarianz gegenüber einer 180°-Umklappung charakteristisch für Flüssigkristalle ist. Ferroelektrizität und Flüssigkristall scheinen sich also gegenseitig auszuschließen.

10. Um zu untersuchen, ob es trotzdem ferroelektrische Flüssigkristalle geben kann, nutzen wir F. E. NEUMANNS Prinzip (1798—1895), wonach die Symmetrie einer physikalischen Größe sich in den Symmetrie-Elementen der Punktgruppe des Mediums zeigt. Wir gehen der Frage nach: Wie muß ein flüssig-kristallines System beschaffen sein, damit bei Anwendung der dazu gehörigen Symmetrie-Operatoren eine permanente Polarisation erhalten bleibt

In eine isotrope Flüssigkeit können wir z. B. 3 zwei- bzw. vierzählige Achsen legen (Abb. 29). Bei der 180°-Drehung um die y-Achse gehen

$$P_x \text{ in } -P_x$$
$$P_y \text{ in } P_y$$
$$P_z \text{ in } -P_z$$

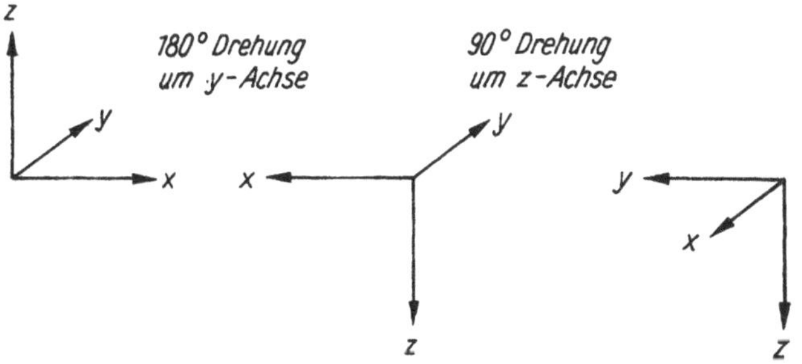

Abb. 29. Veränderung der Lage eines Koordinatensystems durch C_{2y} und C_{4z}

über. Da isotrope Flüssigkeiten gegenüber diesen Transformationen invariant sein müssen, muß $P_x = P_z = 0$ sein. Bei einer nachfolgenden 90°-Drehung wandeln sich

$$P_x \text{ in } -P_y$$
$$P_y \text{ in } 0$$
$$P_z \text{ in } 0.$$

Aus den dargelegten Gründen folgt, daß auch $P_y = 0$ sein muß. Es kann also keine permanente Polarisation geben, wenn die genannten Symmetrieelemente vorhanden sind. Wären die Moleküle optisch aktiv, würden also die Polarisationsebene des Lichtes drehen, dann wäre auch die isotrope Flüssigkeit optisch aktiv; das optische Drehvermögen ist ein Pseudoskalar, der unabhängig von der Orientierung der Moleküle ist und sich nicht ausmittelt.

Die nematische und Smektisch-A-Phase haben u. a. zweizählige Drehachsen in x- und in y-Richtung, eine ∞-zählige in z-Richtung und 3 Spiegelebenen: C_{2x}, C_{2y}, $C_{\infty z}$; m_{xy}, m_{yz} und m_{zx} (Abb. 30). Wir wenden, ähnlich wie bei der iso-

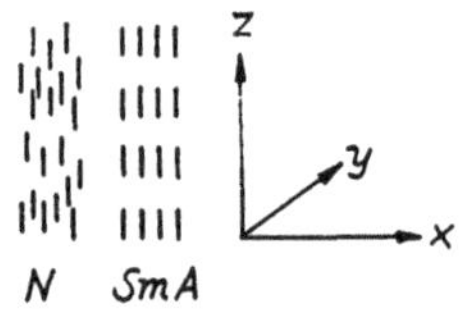

Abb. 30. Lage des Koordinatensystems bei nematischer bzw. Sm-A-Phase

tropen Flüssigkeit, diese Symmetrieoperatoren an und kommen auch hier zu dem Schluß, daß $P_x = P_y = P_z = 0$ sein müssen; also auch in diesen Phasen ist eine spontane Polarisation nicht möglich. Die Smektisch-C-Phase hat nur noch C_{2y} und m_{xz} als Symmetrieelemente (Abb. 31); durch eine C_{2z}-Operation würde z. B. die Neigung der Moleküle nach der anderen Seite gekippt.

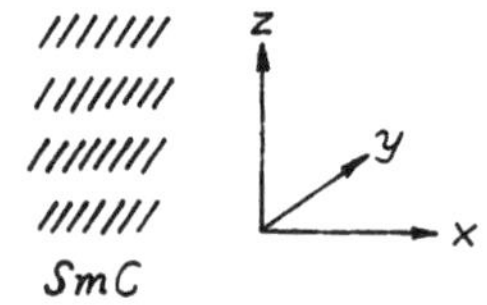

Abb. 31. Lage des Koordinatensystems in einer Sm-C-Phase

Mit C_{2y} werden die x- und z-Richtungen umgekehrt; daraus folgt $P_x = P_z = 0$. Durch Spiegelung an der x-z-Ebene (m_{xz}) würde P_y in $-P_y$ übergehen; folglich ist auch $P_y = 0$. Damit ist eine spontane Polarisation auch mit der Smektisch-C-Phase nicht vereinbar.

Bei einer chiralen Smektisch-C-Phase, C^*, fällt auch m_{xz} weg; eine Spiegelung an dieser Ebene würde den Drehsinn um die z-Achse umkehren (Abb. 32); es ist nur noch eine 180°-Drehung um die y-Achse möglich. Diese Operation

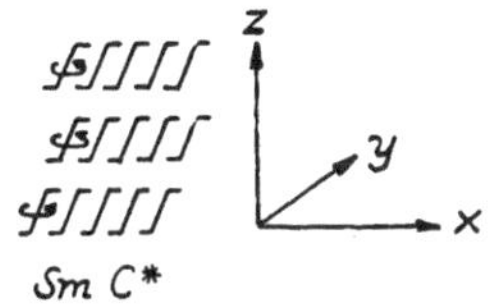

Abb. 32. Lage des Koordinatensystems in einer chiralen Sm-C- ,also einer Sm-C*-Phase

erhält aber P_y. In dieser Phase ist also eine spontane Polarisation senkrecht zur Neigungsebene der Moleküle möglich, denn diese wird, wie wir gesehen haben, durch die bei Sm-C* zulässigen Symmetrieoperationen nicht umgekehrt.

Wegen der Chiralität dreht sich die Richtung der Polarisation beim Fortschreiten senkrecht zu den Schichtebenen wie eine Wendeltreppe (Abb. 33) und in einem größeren Volumen würden sich alle Polarisationsrichtungen ausmitteln.

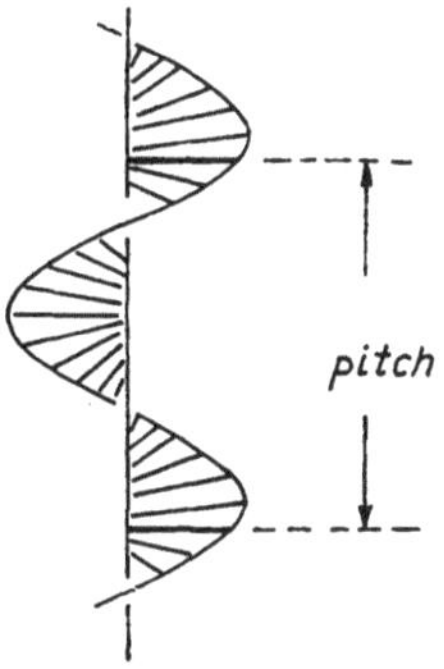

Abb. 33. Chiralität und Pitch-Länge

Man wird also nur dann eine ferroelektrische Orientierung beobachten können, wenn in einer Ausgangsebene alle Moleküle zueinander parallel sind und wenn die darüber liegende Schicht dünner als die halbe Pitch-Höhe ist.

Nach diesen stark idealisiertenden Betrachtungen kann Ferroelektrizität bei allen geneigten, chiralen smektischen Phasen auftreten, also auch bei F^*, G^*, H^*, I^*, J^* und K^*.

Aus etlichen Untersuchungen weiß man, daß die Moleküle auch in smektischen Phasen schnell um ihre Längsachsen rotieren. Diese Rotation wird bei geneigten Phasen und bei Molekülen mit Dipolmomenten senkrecht zur Längsachse mehr oder weniger behindert sein; die Rotation ist dann mit einer ständigen Verbiegung der Moleküllängsachse verbunden. Man kann die Modellvorstellungen präzisieren, indem man den dem einzelnen Molekül zur Verfügung stehenden Raum betrachtet. Man kann sich diesen als ein durch Biegung und Verdrillung deformiertes Prisma vorstellen (Abb. 34), eine Art Bananenform. Auf die Konsequenzen für die elastischen Konstanten, die in die Frank-Oseen-Beziehung für die elastische Energie eingehen, kann hier nicht näher eingegangen werden.

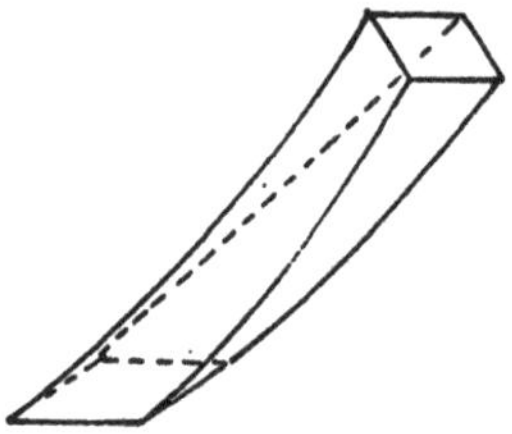

Abb. 34. Der für ein Molekül zur Verfügung stehende Raum: ein verbogenes und verdrilltes Prisma

Es sei noch auf einen Unterschied zur flexoelektrischen Polarisation hingewiesen. Man kann diese z. B. erzeugen, wenn man eine normale Smektisch-C-Schicht verdrillt, indem man sie zwischen zwei gegeneinander verdrehten Glasplatten orientiert (wie im nematischen Fall der Abb. 11b). Dabei tritt eine spontane Polarisation auf. Diese ist aber an die mechanische Deformation gebunden und kann nicht durch ein äußeres elektrisches Feld umgepolt werden. Darin unterscheidet sich die flexoelektrische Polarisation grundsätzlich von der ferroelektrischen.

Bereits 1980 haben Stegemeyer und Kuczynski gezeigt, daß man Ferroelektrizität auch in helixfreien Smektisch-C-Phasen erzeugen kann, wenn die normale C-Phase mit polaren, chiralen Molekülen dotiert wird.

Nach diesen Modellbetrachtungen ist es verständlich, daß die in Flüssigkristallen zu erwartende spontane Polarisation wesentlich kleiner als die in kristallinen Ferroelektrika gemessene ist; sie beträgt nur etwa 1% und weniger.

11. Interessant ist der Umschaltmechanismus bei ferroelektrischen Smektisch-C*-Phasen. Durch Behandlung der Glasoberfläche kann man erreichen, daß alle Moleküle parallel zueinander liegen (Abb. 35a); die Dipolmomente zeigen in der dargestellten Lage nach unten. Legt man ein elektrisches Feld an, das die Polarisation noch oben umklappt, dann ändern die Moleküle in der Ebene der Glasoberfläche ihre Richtung um den doppelten Tilt-Winkel

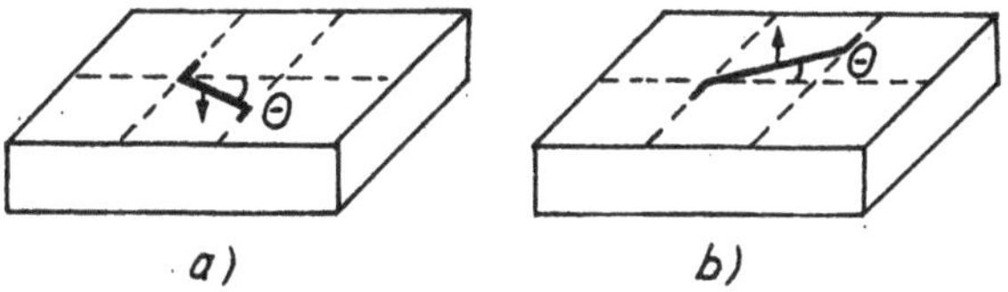

Abb. 35. Schichten mit orientierten Sm-C*-Phasen: b ist aus a durch Umkehr der Polarisation hervorgegangen; dabei haben sich die Moleküle auf einem Konus mit dem Öffnungswinkel 2θ gedreht

2θ (Abb. 35b). Bei dieser Umklappung bewegt sich jedes einzelne Molekül auf einem Kegel mit dem Öffnungswinkel 2θ. Diese Bewegung erfolgt nach den Erfahrungen mit Smektisch-C-Phasen sehr schnell, in Zeiten der Größenordnung 10^{-6} s, abhängig von der Schaltspannung. Mit der Orientierung der Moleküle ändern sich auch die Hauptachsen der Doppelbrechung und damit die Intensität des durchgehenden, linear polarisierten Lichtes. Solche dünnen, ferroelektrischen Schichten stellen schnelle Lichtschalter dar, welche die bisherigen, auf nematischen Phasen beruhenden Systeme bezüglich der Umschaltgeschwindigkeit um einen Faktor 10^3 bis 10^4 übertreffen; sie wären zur Darstellung bewegter Bilder geeignet.

Die Auswahl an Substanzen, die chirale Smektisch-C-Phasen bilden, ist noch nicht sehr groß. Ein Beispiel ist in Abb. 36 wiedergegeben; das umrahmte,

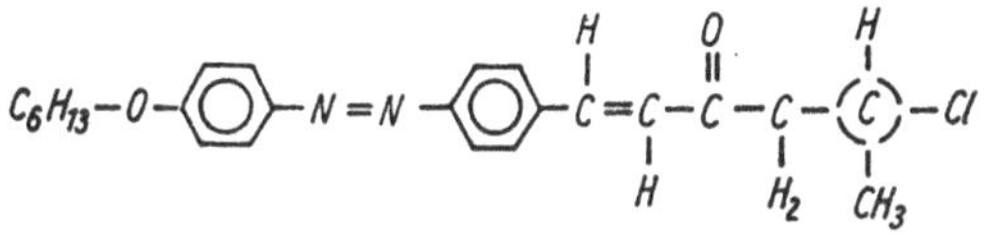

Abb. 36. Beispiel eines Moleküls, das eine Sm-C*-Phase bildet (HOBACPC). Das durch einen Kreis hervorgehobene C-Atom ist asymmetrisch und erzeugt das Drehvermögen

asymmetrische C-Atom sorgt für die Chiralität und trägt gleichzeitig das transversale Dipolmoment.

Die Synthese solcher oder ähnlicher Verbindungen ist nicht leicht. Außerdem werden an die Substanz einige Bedingungen gestellt, wenn man sie praktisch anwenden will: Sie sollten möglichst eine nematische Phase haben, dann ist die Erzeugung der richtigen Ausgangsorientierung leichter; der Temperaturbereich für die Smektisch-C*-Phase sollte möglichst groß sein und die normale Zimmertemperatur einschließen.

Es ist bisher wohl noch nicht gelungen, alle Forderungen mit einer Substanz zu erfüllen, obwohl man mit modernen Analysen-Methoden die Synthese genau verfolgen kann; so läßt sich z. B. mit ^{13}C-NMR die Orientierung fast jedes C-Atoms im Molekül bestimmen [4].

12. Ziel dieser allgemeinen Betrachtungen war nicht, einen umfassenden Überblick über Molekül- oder Flüssigkristalle zu geben. Es sollte vielmehr gezeigt werden, wie durch systematische Überlegungen, hier durch Betrachtung des Ordnungs- und Orientierungsverhaltens, Stoffe mit neuen Kombinationen verschiedener Eigenschaften gefunden werden können. Das ist nicht nur eine Aufgabe, die technische Bedeutung haben kann, hier geht es vielmehr um die Anwendung und Erprobung allgemeiner Prinzipien und damit um die Festigung unserer Vorstellungen um den Aufbau der Materie.

Einige Literaturhinweise:

[1] LIMMER, St.: Untersuchungen zum Schmelzverhalten mesogener Substanzen mit Hilfe der Impuls-NMR (Dissertation, Leipzig 1977)
LIMMER, St., S. GRANDE, A. LÖSCHE: NMR-investigations of the melting-behaviour of mesogen compounds, phys. stat. sol. (b) **84** (1977), 283

[2] HARISH KUMAR SINGH: ^{13}C- und ^{1}H-NMR-Untersuchungen an lateral verzweigten Molekülen in der nematischen Phase (Dissertation, Leipzig 1986)

[3] Ausführliche Behandlung in SCHMIEDEL, H.: Orientierungsmatrix und intramolekulare Bewegung in thermotropen Flüssigkristallen Wiss. Z. Karl-Marx-Universität, Mathem.-Narturw. Reihe, **33** (1984), 441–449

[4] GRANDE, S., J. SCHULZ: Anwendung der ^{13}C-NMR zur Bestimmung der Struktur mesomorpher Phasen in den homologen Reihen von Benzylidenanilinen, Wiss. Z. Karl-Marx-Universität, Mathem.-Naturw. Reihe, **30** (1981), 140–155

Ergänzende Literaturhinweise:

BLINC, R.: Phase transitions in discotic liquid crystals, Ber. Bunsenges. Physik. Chemie **87** (1983), 271–274

BOHN, M.: Optische Untersuchungen an den Blauen Phasen cholesterinischer Flüssigkristalle (Dissertrtion, Leipzig 1985)

COATES, D.: Materials requirements for smectic liquid crystal displays Critical reports on applied chemistry, **22.**: Thermotropic liquid crystals (Herausgegeben von G. W. GRAY 1987)

GOODBY, J. W., Evelyn CHIN, J. M. GEARY. J. S. PATEL, P. L. FINN: The ferroelectric and liquid-crystalline properties of some chiral alkyl 4-n-alkanoyloxybiphenyl-4′-carboxylates, J. Chem. Soc. Faraday Trans. **83** (1987), 3429–3446

HEPPKE, G., D. LÖTZSCH, F. ÖSTREICHER: Chirale Dotierstoffe mit außergewöhnlich hohem Verdrillungsvermögen, Z. Naturforschung **41a** (1986), 1214–1218

KUCZYNSKI, W., H. STEGEMEYER: Ferroelectric properties of smetic — C liquid crystals with induced helical structure, Chem. Phys. Letters **70** (1980), 123

LAGERWALL, S. T., I. DAHL: Ferroelectric liquid crystals, Mol. Cryst. Liq. Cryst. 114 (1984), 151–187

LEADBETTER, A. J.: Structural classification of liquid crystals Critical reports on applied chemistry, 22.: Thermotropic liquid crystals (Herausgegeben von G. W. GRAY 1987)

LIMMER, St., H. SCHMIEDEL, B. HILLNER, A. LÖSCHE, S. GRANDE: Ordering and intramolecular mobility in the nematic phase of PAA investigated by means of NMR-line-shape analysis and computer-simulations of the line shape, J. Physique 41 (1980), 869–878

OUCHI, Y., H. TAKEZOE, A. FUKUDA: Switching process in ferroelectric liquid crystals disclination dynamics of the surface stabilized states, Jap. Journ. Appl. Phys. 26 (1987), 1–4 und L21–L24

SAKURAI, T., N. MIKAMI, M. OZAKI, K. YOSHINO: New series of ferroelectric liquid crystals with large spontaneous polarization and dielectric constant, J. Chem. Phys. 85 (1986), 585–590

SCHMIEDEL, H., B. HILLNER, S. GRANDE, A. LÖSCHE, St. LIMMER: Interpretation of proton-NMR-lineshape of liquid crystals, Journ. Magnetic Resonance 40 (1980), 369–376

SKARP, K., I. DAHL, S. T. LAGERWALL, B. STEBLER: Polarization and viscosity measurements in a ferroelectric liquid crystal by a field reversal method, Mol. Cryst. Liq. Cryst. 114 (1984), 283–297

STEGEMEYER, H., Th. BLÜMEL, K. HILTROP, H. ONUSSEIT, F. PORSCH: Thermodynamic structural and morphological studies on liquidcrystalline blue phases, Liquid Crystals 1 (1986), 3–28

SITZUNGSBERICHTE DER SÄCHSISCHEN AKADEMIE DER WISSENSCHAFTEN ZU LEIPZIG

BAND 121

MATHEMATISCH-NATURWISSENSCHAFTLICHE KLASSE

AKADEMIE-VERLAG BERLIN

Satz und Druck: Maxim Gorki - Druck GmbH
Altenburg, 7400
Printed in the German Democratic Republic

INHALT

Bei Fragen zur Produktsicherheit wenden Sie sich bitte an:
If you have any questions regarding product safety,
please contact:

Walter de Gruyter GmbH
Genthiner Straße 13
10785 Berlin
productsafety@degruyterbrill.com